BEI GRIN MACHT SICH IHR WISSEN BEZAHLT

AF151767

- Wir veröffentlichen Ihre Hausarbeit, Bachelor- und Masterarbeit

- Ihr eigenes eBook und Buch - weltweit in allen wichtigen Shops

- Verdienen Sie an jedem Verkauf

Jetzt bei www.GRIN.com hochladen und kostenlos publizieren

GRIN

Die Welt der geometrischen Körper & ihre Eigenschaften exemplarisch erarbeitet an Würfel und Quader

Eine handlungs- wie auch produktionsorientierte Unterrichtsreihe mit kooperativen Partner- und Gruppenarbeiten (Klassenstufe 5)

Melanie Mertens

Bibliografische Information der Deutschen Nationalbibliothek:

Die Deutsche Nationalbibliothek verzeichnet diese Publikation in der Deutschen Nationalbibliografie; detaillierte bibliografische Daten sind im Internet über http://dnb.d-nb.de abrufbar.

ISBN: 9783656664741
Dieses Buch ist auch als E-Book erhältlich.

© GRIN Publishing GmbH
Nymphenburger Straße 86
80636 München

Druck und Bindung: Books on Demand GmbH, Norderstedt Germany
Gedruckt auf säurefreiem Papier aus verantwortungsvollen Quellen

Das vorliegende Werk wurde sorgfältig erarbeitet. Dennoch übernehmen Autoren und Verlag für die Richtigkeit von Angaben, Hinweisen, Links und Ratschlägen sowie eventuelle Druckfehler keine Haftung.

Das Buch bei GRIN: https://www.grin.com/document/272828

Unterrichtsentwurf für den 1. Unterrichtsbesuch

Name (LAA):   *Melanie Mertens*

Zentrum für schulpraktische Lehrerausbildung
Seminar für das Lehramt HRGe

Ausbildungsschule:

Klasse: 5.4 (17 Mädchen; 13 Jungen)
Fach: Mathematik
Zeit: *von 7:55 bis 8:55 Uhr*
Datum: 03.07.2013

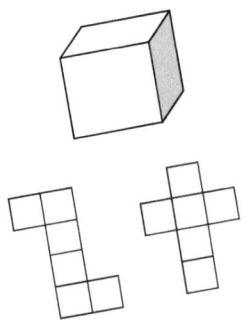

Thema der Unterrichtsreihe: Die Welt der geometrischen Körper, ihre Eigenschaften, Netze sowie Schrägbilder exemplarisch erarbeitet an Würfel und Quader- eine handlungs- wie auch produktionsorientierte Unterrichtsreihe mit kooperativen Partner- und Gruppenarbeiten sowie Präsentationen und Museumsgänge.

Thema der Unterrichtsstunde: Vom Körper zur Fläche- eine prozess- und produktionsorientierte Auseinandersetzung mit einer Realsituation und Alltagsgegenständen, innerhalb einer kooperativen Gruppenarbeit mit anschließender Präsentation, um aus einem Würfel und einem Quader ein Netz zu erstellen.

1. Längerfristige Unterrichtszusammenhänge

1.2   Tabellarische Darstellung der längerfristigen Unterrichtszusammenhänge

Std.	Themen der Unterrichtsstunden	Beabsichtigter Lernzuwachs und Kompetenzentwicklung (Kenntnisse, Fähigkeiten, Fertigkeiten ...)
1. Std.	Was ist ein geometrischer Körper?- *anhand eines Würfelmodells wird in Partnerarbeit exemplarisch für alle geometrischen Körper der Aufbau eines Körpers erarbeitet*	Die Schülerinnen und Schüler können... • den Aufbau mit Ecken, Kanten, Grundfläche, Deckfläche und Seitenflächen der geometrischen Körper beschreiben. (I3)
2. Std.	2D oder 3D der Unterschied zwischen Fläche und Körper- *erarbeitet anhand von Beispielen im Lerntempoduett*	Die Schülerinnen und Schüler können... • Flächen und Körper voneinander abgrenzen und ihre Unterschiede benennen. (I3)
3. Std.	Eigenschaften von Quader, Würfel, Pyramide, Kegel, Zylinder, Kugel und Prisma- *erarbeitet mit Hilfe einer kooperativen Gruppenarbeit*	Die Schülerinnen und Schüler können... • die Eigenschaften der geometrischen Körper beschreiben, dabei unterscheiden sie sowohl die Kanten als auch die Flächen in gerade und gebogen. (I3) • ein ansprechendes Plakat zu geometrischen Körpern gestalten. (P1)
4. Std.	Eigenschaften von Quader, Würfel, Pyramide, Kegel, Zylinder, Kugel und Prisma - *ein Museumsgang zur Begutachtung der unterschiedlichen Körper*	Die Schülerinnen und Schüler können... • die Körper mathematisch charakterisieren. (I3) • die produzierten Plakate präsentieren. (P1)
5. Std.	Kantenmodelle eines Würfels und Quaders- *in einer handlungsorientierten Partnerarbeit werden Kantenmodelle hergestellt*	Die Schülerinnen und Schüler können... • aus Knete und Strohhalmen Kantenmodelle des Würfels und Quaders herstellen, um so die räumliche Struktur der Körper zu erfahren. (I3, P3)
6. Std.	Körper in unserer Umwelt- *in einer Rechenkonferenz werden mit Hilfe von Alltagsgegenständen die Eigenschaften der geometrischen Körper verglichen und zugeordnet*	Die Schülerinnen und Schüler können... • Realgegenstände und Verpackungen nach ihrer Form sortieren, sie beschreiben und begründet den geometrischen Körpern zuordnen. (I3, P1, P3)
7. Std.	Der Weg von einem Körper zu einer Fläche- *mit Hilfe einer Realsituation und Alltagsgegenständen werden Netze von Würfel und Quader in einer kooperativen Gruppenarbeit erarbeitet und präsentiert*	siehe unter Punkt 2.4
8. Std.	Weitere Netze des Würfels und Quaders sowie falsche Netze- *erarbeitet mit Hilfe eines Lerntempoduetts*	Die Schülerinnen und Schüler können... • aus den Netzen ein Faltmodell erstellen. (P2) • die Richtigkeit der Netze prüfen und untersuchen.(P2, P4) • begründet entscheiden, ob aus einem Netz ein Körper entstehen kann. (I3, P1)

9./10. Std.	Schrägbilder von Würfeln und Quadern skizzieren- eine Übungsstunde in Einzelarbeit, Lösungsabgleich in Partnerarbeit	Die Schülerinnen und Schüler können... • Schrägbilder von Würfeln und Quadern skizzieren, um das räumliche Zeichnen von Körpern zu erlernen und das räumliche Vorstellungsvermögen zu schulen. (I3) • mit Lineal und Geodreieck zeichnen und Längen aus Zeichnungen entnehmen. (P4)
11. Std.	Würfelvierlinge und ihre Schrägbilder- durch eine kooperative Gruppenarbeit entstehen zusammengesetzte Körper	Die Schülerinnen und Schüler können... • Schrägbilder von Würfeln und Quadern skizzieren, um das räumliche Zeichnen von Körpern zu erlernen und das räumliche Vorstellungsvermögen zu schulen. (I3) • mit Lineal und Geodreieck mehrere Würfel skizzieren zum nochmaligen üben und festigen. (P4)
12. Std	Wiederholung- Was habe ich gelernt- erstellen und spielen eines Memorys zu Flächen und Körpern	Die Schülerinnen und Schüler können... • die Flächen und Körper charakterisieren und unterscheiden. (I3) • begründet entscheiden um welche Fläche oder Körper es sich handelt. (P1)
13. Std.	Klassenarbeit	Themen: • Flächen (vorherige Reihe) • Körper benennen • Eigenschaften der geometrischen Körper • Netze und Schrägbilder von Würfel und Quader

2. Planung der Unterrichtsstunde

2.1 Legitimation

Die geplante Unterrichtsstunde wie auch die Unterrichtsreihe wird legitimiert durch den **Kernlehrplan** für die Gesamtschule-Sekundarstufe I in NRW. Unter Punkt 3.1 Kompetenzerwartungen am Ende der Jahrgangsstufe 6 wird bei der Geometrie gefordert, dass die Schülerinnen unter Schüler Grundkörper benennen, charakterisieren sowie in ihrer Umwelt identifizieren können. Des Weiteren steht dort, dass sie Schrägbilder skizzieren und Netze von Würfel und Quader entwerfen können.

Im **schulinternen Lehrplan** der Städtischen Gesamtschule Menden Mathematik Klasse 5, wird unter Punkt drei ebenfalls das Thema Körper als verbindlicher Bestandteil dieser Jahrgangsstufe genannt. Hier wird zusätzlich zu den inhaltlichen Themen des Lehrplans auch noch Partner- und Gruppenarbeit gefordert.

Die Geometrie hat eine fundamentale Bedeutung für die Entwicklung grundlegender Fähigkeiten wie räumliche Orientierung, räumliches Vorstellungsvermögen und räumliches Denken. Diese Fähigkeiten sind wichtig für die Vorstellung von alltäglichen Situationen und Vorgängen, sowie für die Bewältigung komplexer mathematischer Probleme bei folgenden Unterrichtsthemen und Reihen. Zum Beispiel ist es eine wichtige Grundlage für die Oberflächenberechnung in den folgenden Jahrgangsstufen. Die Netze werden als Grundlage benötigt, um zu verstehen, wie sich die Oberfläche zusammensetzt. Das Thema der Netze hat somit eine **exemplarische Bedeutung** für den weiteren Mathematikunterricht.

Auch der **Lebensweltbezug** von geometrischen Körpern legitimiert diese Unterrichtsreihe sowie die Unterrichtsstunde. Körper begegnen den Schülerinnen und Schülern täglich auf vielfältige Art und Weise. Zum Beispiel bei Verpackungen einzelner Lebensmittel oder ähnlichem.

2.2 Lernvoraussetzungen

Die **Lerngruppe** ist eine sehr heterogene Klasse, die oft etwas antriebslos ist. In dieser Klasse gibt es viele schwache Schülerinnen und Schüler, aber auch ein paar Starke. Ein Schüler und eine Schülerin sind besonders leistungsschwach und unorganisiert. Sie sind oft überfordert und benötigen zusätzliche Hilfe. Im Mittelfeld befinden sich nur wenige der Schülerinnen und Schüler. Dies fordert eine Differenzierung im Schwierigkeitsgrad der Aufgaben. **Methodisch** sind die Schülerinnen und Schüler bereits mit fachspezifischen Arbeitsweisen (zum Beispiel dem Problemlösen) sowie mit unterschiedlichen Unterrichtsformen (zum Beispiel kooperativen Lernmethoden) vertraut.

Von den Grundschulen haben sie sehr unterschiedliche thematische Kenntnisse. Einige Schülerinnen und Schüler haben Körper und ihre Netze schon thematisiert, andere wiederum sind mit dieser Thematik weniger vertraut. In der vorherigen Unterrichtsreihe wurden geometrische Flächen thematisiert. Dies bildet für diese Unterrichtsstunde die **inhaltliche Grundlage**. Ebenso sind die Schülerinnen und Schüler vertraut mit Geraden sowie der Lage von Geraden (parallel, senkrecht). Ebenfalls enthalten in dieses Wissen ist der geschulte Umgang mit dem Geodreieck und dem Lineal. Auch wurde in den vorherigen Stunden schon der Unterschied zwischen Flächen und Körpern herausgestellt. Dies ist besonders wichtig, da in dieser Stunde aus einem Körper eine Fläche gemacht werden soll.

2.3 Lernaufgabe

Didaktische Überlegungen

Die Netze der geometrischen Körper zeigen, wie ein Körper in der Ebene dargestellt werden kann, wenn seine Kanten aufgeschnitten und aufgeklappt wurden. Das Netz eines Körpers ist ein Vieleck und besteht aus vielen zusammengesetzten Flächen, wie zum Beispiel das Netz des Würfels aus Quadraten. Bis auf die Kugel besitzen alle geometrischen Körper ein Netz.

Aufgrund des Alters, der Lernvoraussetzungen und des Vorstellungsvermögens wird das Thema der Netze nur anhand des Würfels und des Quaders thematisiert. Diese haben die **exemplarischen Bedeutung** für alle Körper (didaktische Reduzierung).

Würfel und Quader werden in dieser Stunde gemeinsam thematisiert, um sie direkt miteinander vergleichen zu können. Außerdem ist die Klasse sehr groß, was zu vielen Ergebnissen führt, die sich bei nur einem Körper zu stark überschneiden würden. Deshalb beschäftigen sich vier Gruppen mit den Würfeln und vier Gruppen mit den Quadern.

Der **didaktische Schwerpunkt** dieser Unterrichtsstunde ist das Entdecken verschiedener Netze von Würfel und Quader durch Ausprobieren. Die Netze sollen so kennengelernt und der Begriff eingeführt werden. Die Schülerinnen und Schüler probieren aus, aus einem Körper ein

Flächennetz zu erstellen, indem sie Verpackungen zerschneiden, ohne das mehrere Flächen entstehen. Die Verpackungen dienen als **Hilfsmittel** um die Vorstellung der Schülerinnen und Schüler zu fördern. Sie bekommen während der Lernaufgabe mehrere Verpackungen an die Hand, um auszuprobieren und zu entdecken, dass es mehrere als eine richtige Lösung gibt. So haben sie eine Herausforderung möglichst viele verschiedene Lösungen zu finden. Sollten die Verpackungen nicht ausreichen, so sollen die Schülerinnen und Schüler versuchen eigenständig ohne Hilfsmittel Körpernetze herzustellen. Das Ziel aus einem Körper eine Fläche zu erstellen ist den Schülerinnen und Schülern bekannt, der Weg dorhin jedoch nicht. Sie sollen sich selber den **Lösungsweg** des Zerschneidens oder vielleicht auch eines Anderen erarbeiten. Falls sie hier keine Ideen haben, so finden sie Hilfe an der Station mit den Tippkarten (Tipp 1). Durch das Zerschneiden der Verpackungen werden die motorischen Kompetenzen sowie die Wahrnehmung gefördert. Außerdem bietet das Zerschneiden die direkte Kontrollmöglichkeit, dass aus dem entstandenen Flächennetz ein Körper entstehen kann. Dieser Schritt wird in der folgenden Stunde dann andersherum vollzogen. Dieses Vorgehen soll durch das entdeckende und handlungsorientierte Lernen besonders nachhaltig sein und die Freude an dem Fach Mathematik wecken.

Für die **Differenzierung** steht den Schülerinnen und Schülern eine Hilfestation mit Tippkarten zur Verfügung. Des Weiteren können die stärkeren Schülerinnen und Schüler den Schwächeren innerhalb der Gruppe helfen. Die Lernaufgabe ist allerdings so aufgebaut, dass sie von allen Schülerinnen und Schülern bearbeitet werden kann.

Methodische Entscheidungen

Die **methodische Großform** dieser Unterrichtsstunde ist die kooperative Gruppenarbeit zu einem problemorientierten Ansatz, bei dem den Schülerinnen und Schülern das Ziel bekannt ist, der Lösungsweg jedoch selbstständig erforscht und entdeckt werden muss. Unbewusst lernen die Schülerinnen und Schüler durch entdecken einen neuen Aspekt des Themas kennen.

Der **Einstieg** soll die Schüllerinnen und Schüler motivieren, Interesse wecken, Vorwissen reaktivieren und zum Thema hinführen. Daher habe ich mir eine Realsitustion ausgedacht, um an die Lebenswelt der Schülerinnen und Schüler anzuknüpfen. In einem Brief schildert ein Verpackungshersteller, dass er für zwei Gegenstände Verpackungen benötigt, diese allerdings in Form einer Fläche dargestellt haben muss. Die Schülerinnen und Schüler sollen Motivation entwickeln, ihm bei diesem Problem zu helfen. In dem Brief werden nur die Gegenstände genannt, dass bedeutet, dass die Schülerinnen und Schüler denen zunächst passende Körper zuordnen müssen. Hier aktivieren sie ihr Vorwissen, da die Zuordnung von Alltagsgegenständen zu den passenden geometrischen Körpern Thema der vorherigen Stunde war. Verpackungen sind etwas reales und greifbares, daher ist es für die Schülerinnen und Schüler einfacher sich vorzustellen um was es geht. Aus diesem Brief wird dann gemeinsam mit den Schülerinnen und Schülern eine leitende Fragestellung entwickelt, die das Thema der Stunde sein wird. Da die Schülerinnen und Schüler versuchen in der Lernaufgabe dieses

Problem zu lösen und in der Sicherungsphase eine Antwort auf den Brief zu formulieren, steht der Einstieg in konkreter Verbindung zum Rest der Stunde.

In der **Lernaufgabe** sollen die Schülerinnen und Schüler mit Hilfe des **forschend-entdeckenden Lernens** dieses Problem des Verpackungsherstellers lösen. Nachdem im Einstieg die problemhaltige Situation präsentiert und eine leitende Fragestellung entwickelt wurde, bearbeiten die Schülerinnen und Schüler jetzt während der Lernaufgabe das Problem eigenständig in Gruppenarbeit. Die Klasse ist in **Gruppenarbeit** geübt und da es viele Schritte zur Problemlösung sind bietet sich die arbeitsteilige Gruppenarbeit an. Die Tische stehen schon als Gruppentische und daher werden die Tischgruppen als Gruppe beibehalten. Die Aufgaben der Gruppenmitglieder wie Zeitwächter, Gruppenleiter, Sprecher und Schreiber/Zeichner würfel ich aus. Die restlichen Aufgaben zum Beispiel wer die Verpackungen zerschneidet, können die Schülerinnen und Schüler sich selbst aufteilen. Für schnelle Schülerinnen und Schüler gibt es noch Zusatzaufgaben.

In Form einer **Präsentation** werden die Ergebnisse der einzelnen Gruppen dann ausgetauscht. Der Sprecher heftet die Ergebnisse an die Tafel und erläutert den Lösungsweg. So üben die Schülerinnen und Schüler das Sprechen vor der Klasse, sowie sich sachlich angemessen auszudrücken. Die kommunikative Kompetenz und das Selbstvertrauen der Schülerinnen und Schüler werden gefördert. Sollten nicht alle möglichen Netze der beiden Körper erarbeitet und präsentiert werden, so ist dies für die Ziele der Stunde nicht entscheidend. In dieser Stunde ist es wichtiger, dass die Schülerinnen und Schüler die Netze von Würfel und Quader als solche kennenlernen. Sowie den mathematischen Begriff des Netzes füllen können. Weitere Möglichkeiten, sowie auch falsche Netze werden in der kommenden Unterrichtsstunde noch thematisiert. Die Ergebnisse müssen jedoch ausgewertet werden, da eventuell in den Gruppen gleiche Netze entwickelt worden sind. Außerdem muss ausgewertet werden welche Gesamtflächen entstanden sind und aus welchen einzelnen Flächen sie sich zusammensetzen (Bezug zum Vorwissen). Diese konkrete Lösung des Problems soll dann als ein allgemeingültiges Lösungsverfahren verstanden werden und ist Basis für die folgende Stunde, in der weitere Netze thematisiert werden sollen.

Bei der **Sicherung** soll auf die Ausgangsfrage, sowie auf die problemhaltige Situation des Einstiegs eingegangen werden. Die Schülerinnen und Schüler sollen gemeinsam einen Merksatz formulieren, wie sie dem Verpackungshersteller erklären können, wie aus einem Körper eine Fläche wird. Dieser soll zur Visualisierung an die Tafel und ins Heft geschrieben werden, damit die Schülerinnen und Schüler ihr Ergebnis festigen und vertiefen. Da die Lernaufgabe entdeckend aufgebaut wird, werden die Ergebnisse schon in dieser Phase unbewusst gesichert.

Optional, je nach Zeit, kann am Ende der Unterrichtsstunde noch eine **Feedbackphase** erfolgen. Hierbei soll ein inhaltlicher und ein sozialer Aspekt thematisiert werden. Die Schülerinnen und Schüler können formulieren was sie in dieser Stunde gelernt haben und wie sie die Zusammenarbeit und die Einigung auf einen gemeinsamen Lösungsweg innerhalb der

Gruppen empfunden haben. Diese Metaebene ist wichtig für die Reflexion der Stunde, wie auch für die Planung weiterer Stunden und Gruppenarbeiten. Als Formulierungshilfen dienen den Schülerinnen und Schülern Wetterkarten, mit denen sie ihr Empfinden und ihren Lernstand einordnen können.

Die Schülerinnen und Schüler müssen sich vorstellen können, dass man einen Körper „platt machen" also in eine Ebene bringen kann. Dies könnte bei beeinträchtigtem Vorstellungsvermögen **Schwierigkeiten** machen. Dann hätten die Schülerinnen und Schüler Probleme beim Verstehen und Bearbeiten der Lernaufgabe. Geringfügig müsste dann nochmal der Unterschied von Flächen und Körpern an Beispielen aufgearbeitet werden. Außerdem könnte man dann die Deckfläche eines Körpers öffnen und als Fläche betrachten, damit die Schülerinnen und Schüler verstehen, dass es darum geht den gesamten Körper „aufzuklappen". Weitere Schwierigkeiten könnten bei der Kooperation und Kommunikation innerhalb der Gruppen auftreten. Hier ist es zunächst Aufgabe des Gruppenleiters entsprechende Schlichtungsmaßnahmen einzuleiten.

2.4 Ziele der Unterrichtsstunde / Kompetenzzuwachs

Prozessbezogene Kompetenzen		Inhaltsbezogene Kompetenzen	
	Argumentieren / Kommunizieren (P1): Schülerinnen und Schüler können die Teilflächen der Netze, sowie die Gesamtfläche benennen und auf Grundlage des Themas „Flächen" begründen.		**Geometrie (I3):** Schülerinnen und Schüler können aus einem Körper eine Fläche herstellen und diese als Netz aus verschiedenen Flächen benennen.
	Problemlösen (P2): Schülerinnen und Schüler können die Problemsituation des Verpackungsherstellers lösen.		
	Modellieren (P3): Schülerinnen und Schüler können ihr Wissen über Flächen und Körper nutzen und auf das Problem des Verpackungsherstellers beziehen.		

Indikatoren	
Die Schülerinnen und Schüler können...	Die Schülerinnen und Schüler können...
➤ sich gemeinsam einen Lösungsweg erarbeiten und eine Verpackung so zerschneiden, dass eine Fläche entsteht. Dabei nutzen sie ihr Wissen über Flächen und Körper. (P2, P3) ➤ ihre Lösung im Anschluss an die Lernaufgabe an der Tafel präsentieren. (P1) ➤ die Richtigkeit der vorgestellten Lösungen überprüfen und doppelte Netze begründet ausschließen. (P1) ➤ dem Verpackungshersteller die Lösung	➤ mehrere Netze erkennen und zeichnen. (I3) ➤ Quader und Würfelnetze unterscheiden, sowie doppelte Netze ausschließen. (I3) ➤ die Flächen der Netze mit Fachausdrücken wie Rechteck und Quadrat benennen. (I3)

seines Problems in Form eines Merksatzes erklären. (P2)

Sonstige Indikatoren allgemeiner Kompetenzen

Die Schülerinnen und Schüler...

> erweitern ihre Lesekompetenz, indem sie der Aufgabenstellung (s. Anhang) wichtige Informationen entnehmen müssen.
> arbeiten selbstständig und eigenverantwortlich an der Lösung eines Problems.
> können sich innerhalb einer Gruppe auf einen gemeinsamen Lösungsweg einigen und kooperativ miteinander arbeiten.
> können sich innerhalb ihrer Gruppe leise und freundlich verständigen.

2.5 Verlaufsplanung

Zeit	Lehr-/Lernprozesse – Inhalte und Handlungen	Medien / Sozialform / Begründung / Kommentar
7:55	**Begrüßung** **Einstieg:** • LAA präsentiert eine als Brief verpackte Folie • Schülerinnen und Schüler lesen gemeinsam den Brief, indem ein Verpackungshersteller sie bittet, aus Körpern Flächen herzustellen • Schülerinnen und Schüler ordnen die Gegenstände aus dem Brief passenden Körpern zu • Gemeinsam wird die Problemstellung des Briefes in die Leitfrage „Wie wird aus einem Körper eine Fläche?" umformuliert, sie ist Thema der Stunde • LAA gibt diese Leitfrage als Ziel, sowie den Verlauf der Stunde bekannt	*Folie 1* *Problemstellung* *Motivierung und Wecken von Interesse durch Realsituation* *Aktivierung des Vorwissens* *Tafel* *Prozess- und Zieltransparenz*
8:10	**Erarbeitung / Durchführung der Lernaufgabe** • Verteilung der Aufgaben für die einzelnen Gruppenmitglieder durch Auswürfeln • Austeilen der Arbeitsblätter • Klärung der Aufgaben • Schülerinnen und Schüler wiederholen die Regeln für die Gruppenarbeit • Als Ziel für die Gruppenarbeit wird ein gemeinsamer Lösungsweg gesetzt • Schülerinnen und Schüler bearbeiten ihre Lernaufgabe	Tabelle an der Tafel zur Visualisierung Meldekette Arbeitsblatt 1 Hilfestation mit Tippkarten Hilfsmittel: Schere, Verpackungen, Plakate, Karten für Gruppenaufgaben
8:25	**Präsentation der Ergebnisse** • Der Sprecher/Die Sprecherin der Gruppen präsentiert die Ergebnisse und den Lösungsweg an der Tafel **Auswertung der Ergebnisse** • Die Schülerinnen und Schüler beschreiben, was aus den Körpern entstanden ist, sie benennen die Flächen des Würfels als Quadrate, die Flächen des Quaders als Rechtecke und ordnen gleiche Netze einander zu	Tafel Plenum
8:45	**Ergebnissicherung** • Die Schülerinnen und Schüler formulieren	Tafel

	gemeinsam ein Merksatz, der die Leitfrage der Stunde beantwortet und eine Antwort auf den Brief ist	
8:55	**Feedback zu Inhalt und Methode** • Die Schülerinnen und Schüler sammeln Aussagen, wie es geklappt hat, innerhalb der Gruppe einen gemeinsamen Lösungsweg zu finden und was sie in dieser Stunde gelernt haben **Ende der Unterrichtsstunde**	Plenum Wetterkarten

➥ Angegebene Zeiten sollen als grobe Richtschnur dienen. Begründete Abweichungen jederzeit möglich.

3. Literaturangaben

3.1 Didaktik und Methodik

Barzel, Bärbel / Holzäpfel, Lars / Leuders, Timo / Streit, Christiane: Mathematik unterrichten: Planen, durchführen, reflektieren. Berlin: Cornelsen 2012.

Barzel, Bärbel / Büchter, Andreas /Leuders, Timo: Mathematik Methodik-Handbuch für die Sekundarstufe I und II. Berlin Cornelsen Verlag 2011.

Krauter, Siegfried: Beiträge zur Methodik und Didaktik des Geometrieunterrichts in der Sekundarstufe I. 2008.

Mattes, Wolfgang: Methoden für den Unterricht-Kompakte Übersichten für Lehrende und Lernende. Paderborn: Schöningh Verlag 2011.

Meyer, Hilbert: Unterrichtsmethoden I Theorieband. Berlin: Cornelsen Scriptor 2009.

Meyer, Hilbert: Unterrichtsmethoden II Praxisband. Berlin: Cornelsen Scriptor 2010.

Meyer, Hilbert: Was ist guter Unterricht?. Berlin: Cornelsen Scriptor 2010.

3.2 Lehrpläne

Ministerium für Schule und Weiterbildung (Hrsg.): Kernlehrplan für die Gesamtschule- Sekundarstufe I in Nordrhein Westfalen Mathematik, Ritterbach Verlag, Frechen 2004.

Schulinterner Lehrplan für Mathematik Klasse 5 Gesamtschule Menden 2012.

3.3 Lehrwerke und Themenhefte

Zahlen und Größen Gesamtschule Nordrhein Westfalen Klasse 5. Berlin: Cornelsen 2012.

Zahlen und Größen Gesamtschule Nordrhein Westfalen Klasse 5- Arbeitsheft mit eingelegten Lösungen und CD-ROM. Berlin: Cornelsen 2012.

mathewerkstatt 5- Allgemeine Ausgabe 5. Schuljahr. Berlin: Cornelsen 2012.

Hoppe, Peter/ Kümml, Anne (Hrsg.): Mathe an Stationen- Figuren und Körper Klasse 5-7. Donauwörth: Auer Verlag 2012.

Mathematik heute- Arbeitsheft 5. Braunschweig: Schroedel 2012.

3.4 Bilder

http://www.kununu.com/news/img/wp-content/uploads/2012/10/Stimmung_iStock.jpg Stand 11.06.13

http://www.4teachers.de/?action=keywordsearch&searchtype=images&searchstring=Gruppenarbeit Stand 11.06.13

http://www.4teachers.de/?action=keywordsearch&searchtype=images&searchstring=reden Stand 11.06.13

http://www.4teachers.de/?action=keywordsearch&searchtype=images&searchstring=Einzelarbeit Stand 11.06.13

http://www.4teachers.de/?action=keywordsearch&searchtype=images&searchstring=Schere Stand 25.06.13

http://t2.ftcdn.net/jpg/00/50/07/63/400_F_50076399_F8jrZHMQiPuFYEsKxO4ErNi7fXsWNVDS.jpg Stand 26.06.13

http://www.4teachers.de/?action=keywordsearch&searchtype=images&searchstring=Einzelarbeit Stand 26.06.13

http://www.4teachers.de/?action=keywordsearch&searchtype=images&searchstring=Vortrag Stand 26.06.13

http://www.4teachers.de/?action=keywordsearch&searchtype=images&searchstring=finden Stand 26.06.13

http://de.fotolia.com/id/17699391 Stand 26.06.13

http://www.das-eselskind.com/2013/06/schreibe-auch-du-einen-brief-der.html Stand 28.06.13

4. Anlagen

- Folie 1 Brief
- Arbeitsblatt 1
- Erwarteter Lösungsweg Arbeitsblatt 1
- Tippkarten
- Karten für Gruppenaufgaben
- Zusatzaufgaben
- Erwartungshorizont
- Erwartetes Tafelbild

Folie 1 Brief

 Geschenkverpackungen Schröder GmbH

Münsterlandstraße 132

40210 Düsseldorf

Klasse 5.4

Städtische Gesamtschule Menden

Windthorststraße 36

58706 Menden

<u>Betreff: Wettbewerb</u>

Hallo Klasse 5.4,

ihr seid eine von vielen Klassen, die ich um Hilfe bitte.

Ich benötige Geschenkverpackungen für folgende Gegenstände:

- Handy
- Rubiks Cube

Welche Körper könnte man verwenden?

Es gibt allerdings noch ein Problem.

Mit den Körpern oder fertigen Verpackungen kann meine Maschine nicht arbeiten.

Sie braucht die Bastelvorlage eines Körpers als eine Fläche auf einem Papier.

Könnt ihr mir die Körper in eine solche Bastelvorlage umwandeln?

Dann könnte ich endlich für die beiden Gegenstände Geschenkverpackungen

produzieren.

Da diese Aufgabe nicht ganz einfach ist, habe ich mir überlegt daraus einen

Wettbewerb zu veranstalten. Auf die Gewinnerklasse wartet eine Belohnung!

Ich bin mir sicher, ihr könnt die Aufgabe lösen und ich freue mich schon auf eure

Ergebnisse!

Vielen Dank

Kai Schröder

Arbeitsblatt 1

Wir müssen gemeinsam einen Lösungsweg finden!

Aufgabenstellung

1. **Stellt** aus eurem Körper (Verpackung) eine Fläche **her**.

   Die Verpackung **muss** in einem Stück, also einer Fläche bleiben.

   Die Verpackung darf nicht in einzelne Flächen zerlegt werden.

    a) **Überlege** in Einzelarbeit einen passenden Lösungsweg.

   Tippkarten gibt es an der Hilfestation.

   _____

   _____

   b) **Einigt** euch in der Gruppe auf einen gemeinsamen Lösungsweg.

   _____

   _____

2. **Führt** diesen Lösungsweg **durch**.

3. **Zeichnet** den Umriss der entstandenen Fläche auf ein Plakat.

   Zeichnet auch die Kanten in dieses „Netz" ein.

4. Es gibt verschiedene Möglichkeiten aus einem Körper eine Fläche zu machen.

   Probiert es aus.

   Zeichnet alle entstandenen Flächen auf.

5. Aus was für Flächen besteht das Netz?

   Benennt sie.

   Was für ein Vieleck ist das Netz?

   Ergänzt diese Ergebnisse auf euren Plakaten.

Aufgabenstellung

> Wir müssen gemeinsam einen Lösungsweg finden!

1. **Stellt** aus eurem Körper (Verpackung) eine Fläche **her**.

   Die Verpackung **muss** in einem Stück, also einer Fläche bleiben.

   Die Verpackung darf nicht in einzelne Flächen zerlegt werden.

   c) **Überlege** in Einzelarbeit einen passenden Lösungsweg.

   Tippkarten gibt es an der Hilfestation.

   die Verpackung an den Kanten zerschneiden und aufklappen

   d) **Einigt** euch in der Gruppe auf einen gemeinsamen Lösungsweg.
   Siehe 1a)

2. **Führt** diesen Lösungsweg **durch**.

3. **Zeichnet** den Umriss der entstandenen Fläche auf ein Plakat.

   Zeichnet auch die Kanten in dieses „Netz" ein.

4. Es gibt verschiedene Möglichkeiten aus einem Körper eine Fläche zu machen.

   Probiert es aus.

   Zeichnet alle entstandenen Flächen auf.

5. Aus was für Flächen besteht das Netz?

   Benennt sie.

   Was für ein Vieleck ist das Netz?

   Ergänzt diese Ergebnisse auf euren Plakaten.

Tipp 1

Welches Werkzeug könnte euch helfen?

Dreh die Karte mal um ;-)

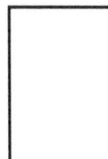

Tipp 2

Die Anzahl der Ecken gibt an, um was für eine Fläche/Vieleck es sich handelt.

Dreh die Karte mal um ;-)

Dreieck   Viereck   Zehneck

10

Tipp 3

Wir haben viele verschiedene Vierecke kennengelernt,

benenne sie genau.

Dreh die Karte mal um ;-)

Quadrat,

Parallelogramm,

Raute,

Drache,

Rechteck und

Trapez

Sieh dir unsere Plakate nochmal an, sie können dir auch helfen!

Karten für Gruppenaufgaben

Zeitwächter

- behält während der Gruppenarbeit die vorgeschriebene Arbeitszeit im Blick
- muss aber auch mitdenken und -reden

Sprecher/Vorträger

- hat das Gesamtergebnis der Gruppe vor der Klasse vorzustellen
- Vortrag kann alleine oder mit weiteren Gruppenmitgliedern erfolgen

Schreiber

- notiert die wichtigsten Punkte, die die Gruppe gemeinsam zu einem Thema erarbeitet

Gruppenleiter

- sorgt dafür, dass die Gruppe gemeinsam die Aufgabe erledigt
- muss auch auftretende Streitigkeiten innerhalb der Gruppe lösen können

Würfelnetze

1) Lassen sich aus allen Netzen Würfel herstellen? **Überprüfe.**
2) **Male** die sich gegenüberliegenden Seiten **an.**

Erwartungshorizont

Mögliche Würfel Netze

Mögliche Quader Netze

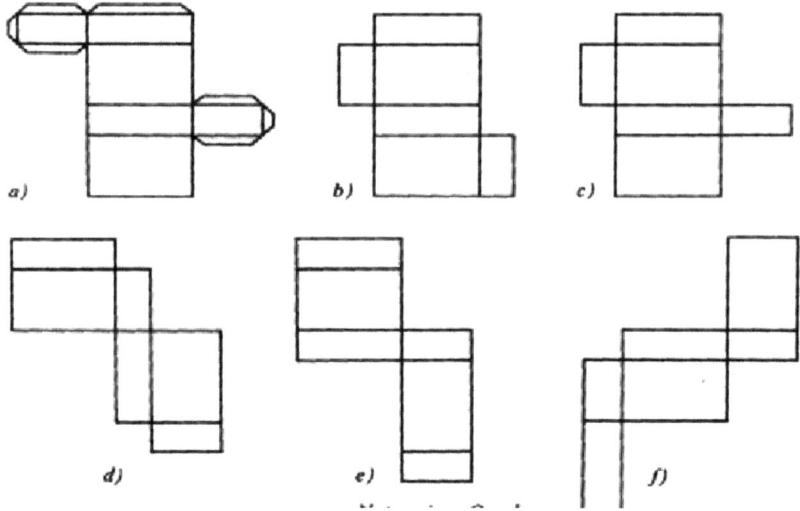

a)   b)   c)

d)   e)   f)

Merksatz

Wenn man einen Körper in eine Fläche umwandeln möchte, so muss man ihn an den Kanten aufschneiden und aufklappen. Es entsteht ein Netz aus Flächen. Bei einem Quader sind diese Flächen Rechtecke, bei einem Würfel sind sie Quadrate.

Erwartetes Tafelbild

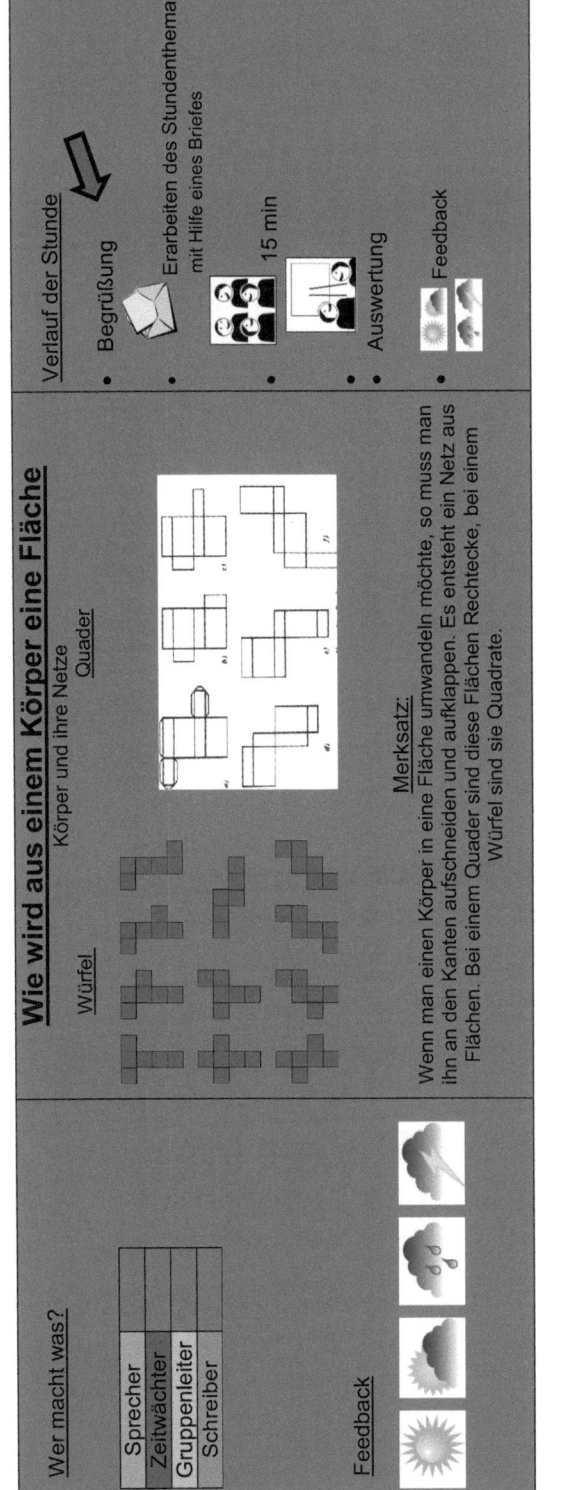

BEI GRIN MACHT SICH IHR WISSEN BEZAHLT

- Wir veröffentlichen Ihre Hausarbeit,
  Bachelor- und Masterarbeit

- Ihr eigenes eBook und Buch -
  weltweit in allen wichtigen Shops

- Verdienen Sie an jedem Verkauf

Jetzt bei www.GRIN.com hochladen und kostenlos publizieren